Notas

Aquesta publicació està dissenyada per proporcionar informacions competents i fiables sobra el tema tractat.

Per als que puguin beneficiar-se d'aquesta publicació mentre preparen les seves propostes de recerca, també podràn posar-se en contacte amb Scientific Management Network S.L., una empresa assessora que ajuda a molts investigadors en el procés de preparació de les seves propostes d'investigació.

Pot posar-se en contacte per telèfon al +34 698.707.986 o per correu electrònic a info@snm.eu.

* Per tal d'ajudar els que treballen actualment en propostes d'investigació, el Dr. Pascal Kahlem està oferint una consulta de 30 minuts a qualsevol persona que compri els quatre volums d'aquest llibre.

Per aprofitar la seva consulta gratuïta, simplement truqui o enviï un correu electrònic al Dr. Pascal Kahlem i simplement esmenti el codi de compra de cada volum comprat.

Publicat per Pascal Kahlem
Primera edició: 2019
Crèdit de foto de portada: Pascal Kahlem

ISBN: 9781795019002

Sobre l'autor: Pascal Kahlem (PhD)

Propietari de Scientific Network Management SL (Espanya registrada).
Doctorat en Genètica Humana a la Universitat de París VII (França) obtingut amb honors en 1999, vaig estudiar tres Post-doctorats en Genètica Humana successivament al CNRS (París, França), Max-Planck Institute (Berlín, Alemanya) i a l'Hospital Charité. (Berlín, Alemanya).   La meva recerca va contribuir a una millor comprensió 1) dels mecanismes moleculars subjacents a la neurodegeneració en la malaltia de Huntington; 2) de les conseqüències moleculars de la trisomia 21; 3) de la possibilitat d'induir la senescència cel·lular per aturar la progressió del limfoma.

Des de 2006 he participat en la gestió d'operacions de grans xarxes de recerca europees de ciències de la vida: ENFIN, SYBARIS, ProteomeXchange, MICROME, TransPLANT i, recentment, ELIXIR, una infraestructura paneuropea per les ciències de la vida, on vaig coordinar successivament les plataformes tècniques de informàticas, de eines computacionals, i la plataforma de formacio. Aquestes xarxes internacionals de recerca tenen com a objectiu millorar la qualitat i els estàndards de la investigació reunint als millors investigadors europeus per centrar-se en els temes de recerca més desafiants del nostre temps, com la medicina personalitzada, el càncer, etc. Scientific Network Management SL es va crear en 2013 per donar suport a investigadors i emprenedors en la redacció, avaluació, capacitació i gestió de projectes de recerca i d'innovació.

WEB: http://www.grantwriter.eu
CONTACTE: info@snm.eu

Perfil de LinkedIn: https://www.linkedin.com/in/pascalkahlem
Publicacions seleccionades:
- Transcript level alterations reflect gene dosage effects across multiple tissues in a mouse model of Down syndrome. Genome Res. 2004 Jul;14(7):1258-67.
- A gene expression map of human chromosome 21 orthologues in the mouse. Nature. 2002 Dec 5;420(6915):586-90.
- Peptides containing glutamine repeats as substrates for transglutaminase-catalyzed cross-linking: relevance to diseases of the nervous system. Proc Natl Acad Sci U S A. 1996 Dec 10;93(25):14580-5.

Tabla de contenido

Pròleg **6**

Volumen 1 .... **7**
  I. Definir un projecte **8**
    Tipus de projectes 9
  II. Ciclo de vida de proyectos de investigación / científicos **11**
  III. Consejos finales **12**
  IV. Referencias **12**

Volumen 2 .... **14**
  I. Construcción de la estrategia del proyecto **15**
    1.   Definición y desarrollo del proyecto 15
    2.   Estudio de mercado 15
    3.   Fuentes de financiación 16
    4.   ¿El cabildeo es una opción? 16
    5.   Construyendo un fuerte consorcio multidisciplinar 16
    6.   Distribución de tareas y planificación presupuestaria.......................... 16
  II. Componentes del proyecto **17**
    1.   Introducción / carta de motivación 17
    2.   Los objetivos 18
    3.   Metodología 18
    4.   Agenda / Calendario 19
    5.   Equipo 19
    6.   Referencias / Socios 19
  III. Plan de entrega del proyecto **20**
  Diseño inverso **20**
    1.   Objetivo global 21
    2.   Objetivos SMART 21
    3.   Paquetes de trabajo 21
    4.   Hitos, fases y entregables 22
  IV. Consejos finales **24**
  V. Referencias **24**

Volumen 3 .... **25**
  I. Excelencia **26**
    Objetivos SMART 25
    Relación con las políticas y el programa de trabajo 26
    Concepto y metodología 27
    Ambición 30
    Consejos 30
  II. Impacto **32**
    Impactos esperados 31
    Medidas para maximizar el impacto. 31
    Consejos 35
  III. Implementación **37**
    Definir los paquetes de trabajo 36
    Gráfico PERT 37
    Gráfico de Gantt 38
    Hitos 39
    Riesgo 40

Consorcio 41
Experiencia multidisciplinaria 41
Consejos 41
IV. Presupuesto **43**
Distribución de recursos 43
Tasa de financiación 44
Consejos 44
V. Referencias **46**

Volumen 4 .... **47**
I. Consideraciones adicionales **48**
Criterios de evaluación 47
La página de resumen 48
II. Consejos finales **50**
III. Referencias **51**

Aquest llibre pretén ser una guia ràpida que tot investigador i sol·licitant de finançament pot tenir a mà, especialment al moment de començar a escriure una proposta de finançament. Es basa en l'experiència adquirida proporcionant suport de consultoria a més de tres-cents investigadors en més de 25 països d'arreu del món.

S'ha mantingut concís i direct al punt, amb la intenció de centrar-se en els punts principals que poden ajudar els investigadors a dissenyar el seu projecte i presentar-lo amb èxit als organismes de finançament.

Aquesta guia ajuda a definir, comprendre i estructurar un projecte de recerca. Si bé aquest llibre pretén orientar la redacció de propostes de finançament per a projectes de recerca, els consells proporcionats també seran molt útils per als investigadors per dissenar els seus projectes de recerca, fins i tot si no pretenen presentar una proposta de   finançament.

Se suposa que l'èxit d'una proposta de finançament no depèn només de l'estructura del projecte, sinó també dels seus continguts i objectius innovadors. Per aquest motiu, dediquem un volum complet al desenvolupament d'estratègies.

El llibre és divideix en 4 volums, cadascun d'ells abordant un aspecte diferent del procés de disseny de projectes i escriptura de sol·licituds de finançament.

Volum 1. Els fonaments de l'escriptura de sol·licituds de finançament
Definir un projecte
Cicle de vida de projectes de recerca

Volum 2. Disseny del projecte
Construccio de l'estratègies de projecte
Disseny invers del projecte

Volum 3. Redacció del projecte
Excel·lència
Impacte
Implementació
Planificació pressupostària

Volum 4. Consideracions addicionals sobre l'escriptura de sol·licituds de finançament
Criteris d'avaluació
Consells finals

Volum 1

I. Definir un projecte

Un projecte és una empresa individual o col·laborativa que es planifica acuradament per aconseguir un objectiu particular. (Diccionaris d'Oxford)

Característiques del projecte

Un projecte que es destinat a ser presentat als organismes de finançament generalment inclou quatre característiques principals, cadascuna de les quals es detalla a continuació:

1. Novetat / Innovació:

La novetat, o innovació, generalment es refereix a la traducció d'una idea en un producte comercialment viable. Encara que aquest llibre se centra en la investigació i els projectes científics, pot ser útil analitzar la singularitat dels projectes en un sentit comercial, ja que l'objectiu aquí és ajudar els investigadors a sol·licitar amb èxit fons per als seus projectes. Per tenir èxit en l'obtenció de subvencions o finançament per a un projecte d'investigació, és útil visualitzar aplicacions o impactes en el món real, el que pot portar al projecte a l'àmbit de l'activitat comercial.

Quan parlem de novetat o innovació en projectes d'investigació, generalment es deriva d'un procés intel·lectual sòlid i una anàlisi acurada d'un resultat inesperat dins d'un projecte.

És important tenir en compte que, en un context industrial, promoure la novetat o la innovació en la investigació consisteix a tenir un entorn laboral favorable per al pensament creatiu. (de Souza, 2010, p.72,76)

2. Concreció / Formalització:

La concreció consisteix a convertir les idees i el concepte en un seguit d'accions específiques que conduiran a la realització del projecte.

La formalització consisteix a definir els papers de cada element dins el sistema del projecte.

(O'Leary, 2017, Ch.1)

3. Voluntat / Motivació:

Tot i que pot haver-hi molts obstacles en el desenvolupament d'un producte d'investigació, cap és tan fonamental com la força de voluntat per dur a terme el projecte.

La motivació efectiva requereix no només l'excitació o l'energia, sinó també la guia d'un sistema cognitiu i efectiu que, almenys per a la majoria de nosaltres, sigui susceptible de distracció o esgotament. (Ryan, 2013, cap. 1)

4. Finalitat / Objectiu:

La finalitat o objectiu d'un projecte és el resultat esperat   del projecte. Perquè un projecte tingui èxit, ha de tenir certes característiques, com ser:

- Específic: un savi director de projecte evita l'ambigüitat. Lo que és intuïtivament obvi per a un actor és estranger per a un altre.

- Mesurable i verificable: un director de projecte intel·ligent no només aconsegueix un objectiu, sinó que també lo valida.

- Complet: tots els objectius s'han de definir abans de començar un projecte.

- Consensual: totes les parts interessades han d'estar d'acord amb els objectius abans que siguin implementats. Els acords i les expectatives s'han d'establir abans de comprometre quantitats significatives de temps i diners per a un projecte.

- Realista: el director del projecte s'ha d'assegurar que tots els objectius siguin assolibles abans de començar el projecte.
(Bender, 2004, p. 17,18)

Tipus de projectes

Els projectes poden revestir moltes formes i àrees de treball diferents, alguns dels quals poden incloure l'organització d'una conferència, el desenvolupament d'un nou invent, la creació d'un nou sistema financer, la reorganització d'un servei i, per descomptat, el desenvolupament d'un projecte d'investigació, entre d'altres.

1. Què és un projecte de recerca?

En realitzar el seu projecte d'investigació, és important comprendre que la investigació pot tenir diversos objectius legítims, sigui individualment o en combinació.   El principal objectiu primordial ha de ser d'obtenir coneixements útils o interessants.   (Walliman, 2011, p.7)

La investigació és el procés de recopilació de dades per respondre a una pregunta en particular. Aquesta pregunta generalment es relacionarà amb una necessitat de coneixement que pot facilitar la resolució de problemes. La investigació pot ajudar-nos a:

- Comprendre més sobre temes i problemes particulars, incloses totes les complexitats, les subtileses i les seves implicacions;
- Trobar solucions factibles, expectatives i explorar possibilitats;
- Treballar cap a aquesta solució - implementar un canvi real;
- Avaluar l'èxit - determinar si les estratègies de resolució de problemes o de canvi han tingut èxit;
- Fer recomanacions sòlides: com a extensió de les conclusions; les recomanacions poden usar-se per influir en la pràctica, els programes i les polítiques.

(O'Leary, 2017, secta, 1)

Un altre factor important que determinarà el projecte d'investigació és la naturalesa del seu objectiu. La investigació pot tenir molts objectius diferents, com la categorització, l'explicació, la predicció, la creació d'un sentit de comprensió, oferint potencial de control i avaluació. (Walliman, 2011, p.7)

2. Tipus de projectes d'investigació.

Com es va esmentar anteriorment, hi ha molts tipus de projectes quan parlem de projectes, en general, però, també hi ha molts tipus diferents de projectes, específicament dins del camp dels projectes d'investigació. Aquests diferents tipus inclouen laboratori, literatura, meta-anàlisi, intervenció, qüestionari i processament de dades, entre d'altres.

Els projectes de laboratori es basen típicament en un entorn de laboratori. Els tipus de projectes que normalment es realitzen tenen elements de repetició, preparació i anàlisi de la mostra, per exemple, mesurar la glucosa en les mostres d'orina proporcionades per acceptar o rebutjar una hipòtesi.

Els projectes de literatura revisen els estudis existents recollint dades i conclusions per crear un conjunt de dades de consens i una conclusió. De vegades, aquest tipus de projecte es pot considerar com menys útil que altres tipus de projectes d'investigació, especialment quan hi ha poca o cap manipulació o anàlisi de dades.

Els projectes de meta-anàlisi són projectes de literatura amb models complexos aplicats per arribar a una conclusió. Aquests projectes, en comptar amb anàlisi i manipulació de dades, tenen una eficiència considerable d'investigació.

Els projectes d'intervenció es produeixen quan l'investigador recluta voluntaris per participar en una investigació. Per exemple, prendre pastilles de vitamina C durant sis setmanes i després proporcionar mostres d'orina per analitzar possibles canvis.

Els projectes de qüestionari involucren la recopilació de dades de voluntaris en lloc de mostres i tenen un risc menor que els projectes d'intervenció, però encara requereixen ètica i reclutament. Un projecte típic podria ser un qüestionari de freqüència d'aliments per a determinar la ingesta de nutrients en una cohort.

Els projectes de tractament de dades tenen un risc menor, ja que les dades ja es van obtenir d'un estudi anterior i, mitjançant l'ús de proves estadístiques, es proven les hipòtesis. Un exemple de projecte podria consistir en examinar les dades de casos de control d'un estudi de càncer de pròstata de 10.000 homes, que contenent dades sobre la concentració de marcadors de càncer, els símptomes i l'estil de vida. (Basten, 2011, p. 12,13,14)

II. Cicle de vida de projectes de investigació / científics

Per dissenyar un projecte d'investigació, ha de començar per definir la pregunta que exigeix una resposta o la necessitat que requereix una resolució o un enigma que busca una solució, que pot esdevenir un problema de recerca: el cor del projecte de recerca. (Walliman, 2011, p.29) Un cop hagueu identificat el seu problema d'investigació únic, el següent pas és començar a formar la proposta de projecte que després es farà servir per a sol·licitar-la a un organisme de finançament.

Les propostes d'investigació sovint segueixen un patró definit amb característiques comunes dins de la proposta,; una explicació, compacta i precisa, de la naturalesa de la investigació, per què es necessita, com es realitzarà, els resultats probables, el seu impacte i, en la majoria dels casos, exactament quins recursos es requereixen per dur-la a terme.

Suposant que la proposta d'investigació es financi amb èxit, el següent pas és dur a terme la investigació i executar el projecte. Durant l'execució i al final del projecte, és clau que els gerents del projecte informen sobre el progrés i

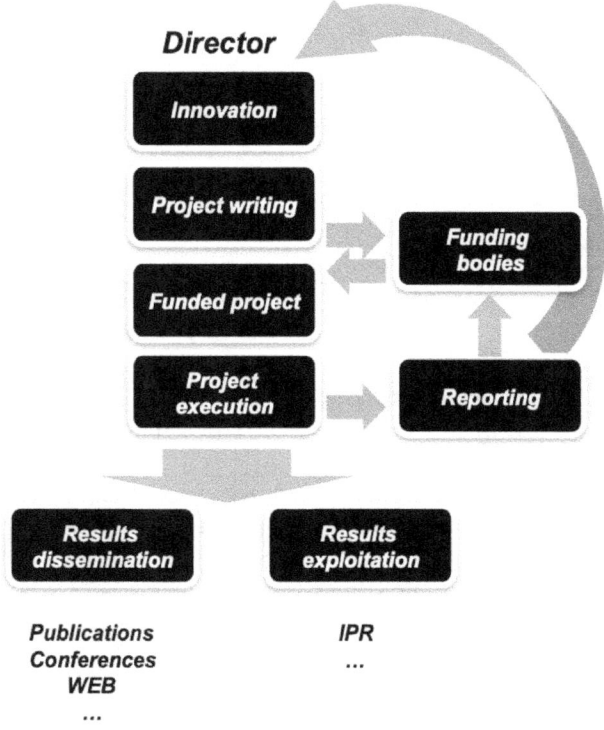

els resultats a l'organisme de finançament i al director del projecte, per garantir que el progrés estigui en línia amb les expectatives.

Finalment, el projecte de recerca pot prendre almenys dues vies: difusió de resultats i / o explotació de resultats.

La intenció de difondre la investigació és propagar el coneixement a través de publicacions, conferències, Internet, i enfortir la comprensio entre diverses parts interessades, com científics, la indústria, el públic, els responsables polítics, entre d'altres. (Brownson, Colditz, Proctor, 2012,)

Pel que fa a l'explotació de resultats, la comercialització dels productes del projecte requerirà l'establiment dels Drets de Propietat Intel·lectual entre els socis del projecte i el desenvolupament d'un pla de negocis apropiat. (Siota, 2017).

III. Consells finals

- Imagineu aplicacions   reals, potencialment convertint el projecte en activitat comercial.

- Comenceu definint la pregunta que demana una resposta

- Identifiqueu tots els participants necessaris per transformar el projecte fins que s'assoleixi l'objectiu

- Ajusteu l'abast del projecte al pressupost disponible

IV. Referències

1. Oxford Dictionaries
2. Innovation in Industrial Research by Paulo Antonio de Souza (2010)
3. Merriam Webster
4. Introduction to Scientific Research Projects By Graham Basten (2011)
5. Your Research Project: Designing and Planning Your Work By Nicholas Walliman (2011)
6. Dissemination and Implementation Research in Health: Translating Science to Practice: by Ross C. Brownson, Graham A. Colditz, Enola K. Proctor (2012)
7. European Commission
8. Linked Innovation: Commercializing Discoveries at Research Centers By Josemaria Siota (2017) P.74,75
9. The How to Project Manage Series: Setting Goals and Expectations By Michael B Bender, Pmp (2004)

10. The Essential Guide to Doing Your Research Project By Zina O'Leary - Chapter 1.
11. The Oxford Handbook of Human Motivation edited by Richard M. Ryan (2013)

Volum 2

Escriptura de subvencions = Venda de solucions

A mesura que els projectes d'investigació científica es converteixen cada vegada més en projectes de desenvolupament de productes, els organismes de finançament consideren els projectes com a oportunitats de negocis, quan la investigació apunta a un producte que pot ser explotat comercialment.

Els científics sovint no estan preparats per a considerar estratègies d'explotació en els seus projectes. No obstant això, és amb aquesta mentalitat que han d'abordar la preparació de propostes de subvenció.

Les següents preguntes estan destinades a abordar els punts que s'han de tenir en compte a l'hora de preparar un projecte científic. Els 6 punts a continuació no són exhaustius ja que tots els projectes són diferents, però esperem que l'ajudi a aclarir el seu enfocament que condueixi a redactar una proposta exitosa.

1. Definició i desenvolupament del projecte

    • Establir l'objectiu del projecte i la raó per desenvolupar aquest producte.
    Objectiu general i objectius específics necessaris per assolir l'objectiu general.

    • Definir una visió (5-10 anys) del projecte i del producte que vol aconseguir.

    • Quins són els desencadenants que motiven el desenvolupament?
    El prototip ha assolit la maduresa?
    Hi ha una nova tecnologia disponible que permeti aquest desenvolupament?
    Ha sorgit una nova demanda?

    • Identificar els actius del projecte i el seu impacte.
    Quines són les necessitats dels usuaris?
    El seu producte satisfà les necessitats dels usuaris?
    Quines són les característiques úniques que els competidors no tenen?
    Quin impacte té el producte a nivell socioeconòmic, local i internacional?

2. Estudi de mercat

    • Conegui als seus competidors.
    Ja hi ha un producte similar al mercat?
    És el moment per crear o reactivar col·laboracions ?

    • A quin grup es dirigeix el producte?

Això definirà el disseny del producte. En definir al seu client objectiu, pot enfocar exactament en les necessitats que més signifiquen per a ells i desviar l'atenció de les característiques del producte i les activitats de servei que no són desitjades o no apreciades. És útil tenir en compte que, en general, les empreses seleccionen variables de segmentació, que inclouen gènere, nivell d'educació i ingressos per definir un mercat objectiu. Les empreses determinen la naturalesa i la quantitat de variables que s'utilitzaran per definir un mercat objectiu. La segmentació del mercat beneficia les empreses per:

- Permetre la identificació de clients,

- Dissenyar productes i serveis per satisfer les necessitats del client,

-que els permet desenvolupar promocions efectives per estimular la demanda.
(Duchessi, 2004, p. 64)

- Estimar el retorn de la inversió.

3. Fonts de finançament

- Avaluar els avantatges / desavantatges dels organismes de finançament nacionals, de la Unió Europea o internacionals.

- Elegir Triar les convocatòries de finançament més adequades.
Data límit de presentació, restriccions en la composició del consorci, tema, etc

4. El lobby és una opció?

- Comitès de programa
- Grups assessors
- Plataformes tecnològiques nacionals / europees / internacionals.
- Consultes públiques.
- Cartes de suport / interès de futurs usuaris.

5. Construir un fort consorci multidisciplina

- Ha de ser el coordinador?
Evaluar el retorn de la inversió del seu temps.

- Reunir col·laboradors de confiança.
Balanç d'aportacions científics, tècnics, polítics i de gènere.

6. Distribució de tasques i planificació pressupostària

- Distribuir les tasques entre els socis.

• Proposar un pressupost a cada soci segons la seva contribució i necessitats, mantenint també un equilibri entre tots els socis del consorci.

II. Components del projecte

Una vegada que s'estableix l'estratègia del projecte, ha de construir les diferents parts de la proposta de subvenció.

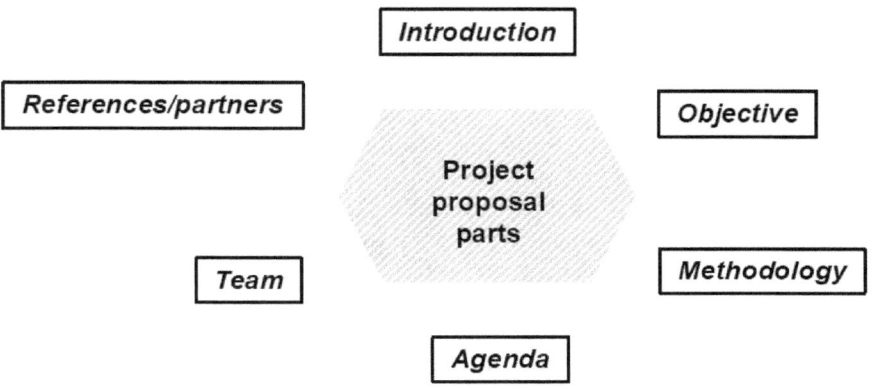

Com podem veure en el diagrama anterior, una proposta de projecte consta de diverses parts: la introducció, l'objectiu, la metodologia, l'agenda, l'equip i els socis.

1. Introducció / carta de presentació

El propòsit principal de la introducció o carta de presentació és presentar la proposta al lector.
Una carta de presentació pot incloure el següent: el context, l'objectiu, les característiques clau de la seva proposta, l'impacte esperat, el cronograma citat en la proposta i altres punts clau.
L'objectiu d'una proposta és convèncer el finançador que el projecte proposat val la inversió.
(Coombs, 2005, p.18,19)

Al principi de la proposta, sovint en el paràgraf introductori, és prudent establir una declaració explícita del seu propòsit en realitzar l'estudi. Fem servir la paraula propòsit en el seu sentit general com una declaració de per què vol fer l'estudi i el que pretén aconseguir. La declaració es pot dividir àmpliament en aquelles relacionades amb el desig de millorar alguna cosa i aquelles que reflecteixen el desig d'entendre alguna cosa. A més d'aquests propòsits pràctics i teòrics, Maxwell (2013) ha assenyalat que, en alguns casos, també pot ser savi ser explícit sobre propòsits més personals, inclosos els interessos relacionats amb la simple curiositat, un sentit de responsabilitat social o requisits de carrera.

Una declaració de propòsits no ha de ser una enquesta exhaustiva de les seves intencions, ni ha d'estar escrita en el llenguatge formal de les preguntes d'investigació (que són expressions molt més específiques del que vol aprendre). (Locke, Spirduso, Silverman, 2014, P.9)

2. Objectius

Els objectius representen els resultats immediats desitjats i mesurables o els resultats que són essencials per assolir els objectius finals. Proporcionen evidència més tangible que s'ha aconseguit l'estat desitjat.

Els dos tipus principals d'objectius, procés i resultat, s'expliquen a continuació:

- Objectius del procés: (a) descriuen les millores esperades en les operacions o procediments, (b) quantifiquen el canvi esperat en l'ús dels serveis o mètodes, o (c) identifiquen la quantitat de servei que es rebrà. Els objectius del procés no indiquen l'impacte en els beneficiaris del programa. Més aviat, es formulen perquè les activitats involucrades en la implementació són importants per a la comprensió general de com es tracta un problema o una necessitat. Ajuden a proporcionar informació sobre els enfocaments o tècniques experimentals, únics i innovadors utilitzats en un programa.

- Objectius de resultat: El segon, i més comú tipus d'objectiu, es coneix com a objectiu de resultat. Un objectiu de resultat especifica un grup objectiu i identifica què els passarà com a resultat de la intervenció o enfocament. (Coley, Scheinberg, 2008, p.48,50)

3. Metodologia

Hi ha d'haver una correlació transparent i òbvia entre l'enfocament i el disseny, els instruments i les tècniques, perquè tinguin sentit com un sistema dins d'un paradigma particular. La descripció i justificació d'aquest sistema generalment es denomina metodologia. A aquesta descripció segueix o inclou una descripció de la implementació d'investigació planificada (laboratori, treball de camp, anàlisi documental o art creatiu, etc.). (Pam Denicolo, Lucinda Becker, 2012, pàg. 62)

Si bé la lògica bàsica de la metodologia científica és la mateixa en tots els camps, les seves tècniques i enfocaments específics variaran segons el tema. (Kumar, 2014, P.Ch.2)

4. Agenda / línia de temps

Un cronograma de recerca o un calendari ha d'enumerar cronològicament les fases principals del projecte de recerca, juntament amb les tasques clau que han de completar-se en cada fase. Normalment, s'indiquen les dates d'inici i finalització del projecte en general, i potser les dates d'inici i finalització de cada fase principal. El calendari es pot establir com una llista dels principals encapçalaments i sub-títols o com a taula. Si s'utilitza una taula, resumeixi les dates d'inici i finalització de les seccions principals del projecte en el text que l'acompanya.

Quan es dissenya un cronograma, un enfocament és treballar cap enrere des de la data de finalització planificada per al projecte (si es coneix). Això implica estimar la quantitat de temps que probablement es requerirà per completar l'última tasca de la llista, després comptar cap enrere (per exemple, en dies o setmanes) fins el temps d'inici requerit per a aquesta tasca. Aquest procés es repeteix per a cada tasca més amunt a la llista, fins que es calculen les hores d'inici i finalització de totes les tasques.
(Thomas, Hodges, 2010, p.57,58)

5. Equip

Aquesta secció de la proposta se centra a presentar a l'equip involucrat en la realització del projecte, com les informacions generals i les qualificacions.

Una part de la majoria de les propostes de subvencion és un currículum vitae, un biosketch, un bio-paràgraf o un resum que identifica el personal clau, inclòs l'investigador principal, així com la seva formació, experiència professional, i història de publicació.

Expliqueu aquesta investigació prèvia per posar la seva investigació proposada en un context d'investigació històrica i proporcionar un context de recerca en què pugui justificar la novetat i la importància de la seva investigació proposada.
(Oster, Cordo, 2015, p.8,9)

6. Referències / Socis

Aquesta secció es refereix a tots els socis externs associats al projecte, com a socis de finançament o socis d'investigació.
En aquesta secció, proporcioni una llista de tots els socis externs involucrats en el projecte i l'abast de la seva participació (quina és la seva funció exacta, què aporten al projecte i què esperen rebre del projecte).

Una vegada que s'estableix l'estratègia del projecte, s'ha de convertir en un pla de lliurament del projecte, que es lliurarà com un dels passos inicials en el projecte. La planificació del lliurament del projecte és un mètode per maximitzar l'èxit mitjançant la planificació per gestionar totes les àrees d'incertesa. Cada projecte requereix un pla de lliurament de projecte sòlid perquè es dugui a terme amb èxit i els beneficis s'obtinguin de manera sostenible:

> El pla de lliurament del projecte és el vincle entre el que ens hem compromès a realitzar i el que realment lliurem.

El pla d'execució del projecte formal es lliuraria en general abans de qualsevol execució del projecte, ja que es considerat que és:
- Un acord formal entre el patrocinador del projecte i el gerent del projecte, que vincula eficaçment el projecte amb el negoci.
- Una eina de comunicació i gestió per a l'administrador del projecte i l'equip del projecte que configura de manera efectiva el funcionament intern del projecte.
- Una eina de comunicació entre el gerent del projecte / l'equip del projecte i les parts interessades externes del projecte, integrant encara més el projecte amb l'organització en la qual es troba.
(Melton, 2011, p.11,12)

Disseny invers

El disseny invers del projecte és el procés de decidir els objectius a assolir, del moment de la seva realització, i, a partir d'aquí, dissenyar el calendari del projecte.

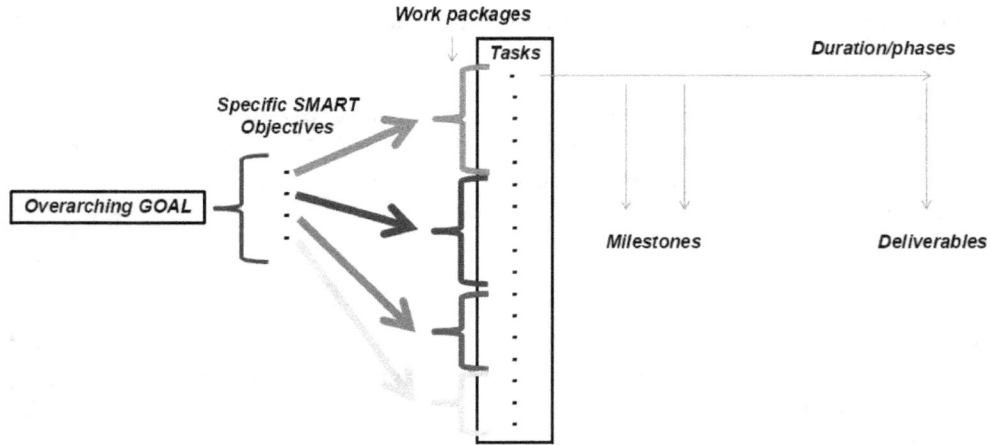

1. Objetiu global

Els objectius responen a necessitats o problemes identificats i són declaracions de la missió final del programa. Representen un ideal o esperança per a l'estat de canvi desitjat. La majoria de les propostes identifiquen un a tres objectius.

Els objectius generalment s'escriuen indicant el sistema en què es brindaran els serveis. Per escriure els objectius, torni a les necessitats o problemes que busca abordar i indiqui els canvis principals que produirà la seva feina.
(Coley, Scheinberg, 2008, p.47,48,49)

2. Objetius SMART

El acronym SMART fa referència a cinc conceptes que constantment cal referir-se a la fixació dels objectius, per tal de validar la seva rellevància. En l'ordre, els conceptes són específics (S), mesurables (M), assignables (A), realistas (R) i en el temps (T).

Aquesta tècnica també es pot utilitzar individualment o d'equip (un administrador pot establir objectius que el grup ha d'aconseguir junts).

Ja que podem definir un objectiu a continuació d'una sèrie d'objectius a assolir, ells mateixos es subdivideixen en una sèrie de subobectius. Alguns beneficis del model SMART s'inclouen sota.

-En primer lloc, el model promou l'obtenció de resultats concrets, posant èmfasi en els   aspectes quantificables i tangibles dels objectius.

-En segon lloc, es pot aplicar a diverses àrees.

-Per últim, els criteris SMART fan que l'objectiu sigui complet i requereixen poca o cap informació addicional.
("50MINUTES", 2015, pàg. 6,7,9)

3. Paquets de treball

Un paquet de treball és simplement una tasca o una feina de baix nivell. Descriu el treball que s'ha de fer per un grup de treball o una organització eficient.

El paquet de treball és el terme genèric utilitzat en els criteris per identificar les tasques diferenciades amb resultats finals definits.

Segons l'agència de finançament, de vegades   no és necessari que la documentació sobre el paquet de treball contingui descripcions completes i independents.

Els paquets de treball a curt termini poden ajudar a avaluar les realitzacions. Els paquets de treball han de ser subdivisions naturals dins dels esforços planejats dependent de com es realitza l'obra. Tanmateix, quan els paquets de treball són relativament curts, és necessari poc o gens d'avaluació del treball en curs i l'avaluació del progrés és possible degut principalment a l'acabament dels paquets de treball. Més els paquets de treball son llargs, més l'avaluació del treball en curs es torna difícil i subjectiu, a menys que els paquets de treball no siguin subdividits en indicadors objectius com fites independents amb valors de pressupost pre-assignats o percentatges de realització.
(Kerzner, 2009, p.437)

4. Fites, fases i lliuraments

Perquè el projecte sigui tractat amb èxit, és necessari subdividir l'execució en diverses fases, per exemple basada en deveniments claus representatius de fites (vegeu per exemple Shutb et al. (1994, p. 304)). El final de cada fase o moment d'arribar a una fita proporciona un punt de control a partir del qual els actors poden controlar el progrés del projecte ; les hipòtesis del pla es poden verificar , un pla modificat pot ser desenvolupat i les seves especificacions es poden verificar i perfeccionar. Amb aquesta finalitat, és defineixen les dates de finalització d'una fase o l'assoliment d'una fita.

Després de definir les fites d'un projecte, aquests normalment estan organitzats en un pla o un gràfic de Gantt, que és un gràfic dirigit mostrant les dependències lògiques entre fites, és a dir, la fita b no és pot arribar abans de la fita a.
(Klein, 1999, p.18)

La gestió dels objectius del projecte s'estableix en primer lloc amb relació als productes lliurables relacionats al cicle de vida del projecte.

Per això, és necessari dividir la totalitat del període del projecte - cicle de vida - en parts identificables. El resultat és que això podria ser un bloc de temps relativament llarg es ara presentat com una seqüència de fragments de temps o fases. Aquestes fases es poden desglossar en etapes.

Cada fase està marcada per la producció d'un o més productes lliurables que poden incloure: informes, dibuixos de disseny, documentació, designació d'un proveïdor o d'un venedor, proves de programari o posada en marxa d'equips.

Els productes lliurables varien en funció de la indústria o del comerç. Són el resultat d'un procés que podria haver contingut fites. Per exemple, si anéssim a considerar el procés quirúrgic, comprovacions d'equips preoperatoris, la preparació del pacient, al final de l'operació i la consciència del pacient podria ser els lliuraments de les diferents fases. Els lliuraments d'una fase anterior s'accepten generalment abans que el treball pugui començar a la següent fase. Quan una fase posterior s'inicia abans de la finalització d'una fase anterior (perquè els riscos es consideren acceptables), s'anomena procediment accelerat. Normalment, cada fase del projecte inclou un conjunt de productes de treball predefinits dissenyat per establir el nivell desitjat de control de gestió. Les fases i els productes lliurables són part d'una lògica generalment seqüencial dissenyat per garantir una definició correcta del producte del projecte. (Hamilton, 2001, p.84,85)

- Centrar-se en continguts i objectius innovadors.

- El disseny invers consisteix a decidir els objectius a assolir i el temps necessari per aconseguir-lo, i, desprès definir, el calendari del projecte.

- Recordeu que el pla de realització del projecte és l 'enllaç entre allò que s'ha compromès i allò que s'ha lliurat.

- Per escriure els objectius, torneu a les necessitats i indiqueu els principals canvis que produiran el treball.

- Els paquets de treball a curt termini poden ajudar a avaluar els assoliments.

- Per tal que el projecte es processi amb èxit, cal subdividir la seva execució en diverses fases.

- Dividiu el projecte en seccions identificables per presentar el cicle de vida com una seqüència de blocs de temps o fases.

V. Referencies

1. Real Project Planning: Developing a Project Delivery Strategy by Trish Melton (2011) P.11,12
2. IT Project Proposals: Writing to Win by Paul Coombs (2005) P.18,19
3. Proposals That Work By Lawrence F. Locke, Waneen Wyrick Spirduso, Stephen J. Silverman (2014) P.9
4. Proposal Writing: Effective Grantsmanship by Soraya M. Coley, Cynthia A. Scheinberg (2008) P.47,48, 49,50
5. Developing Research Proposals by Pam Denicolo, Lucinda Becker (2012), P.62
6. Research Methodology: A Step-by-Step Guide for Beginners by Ranjit Kumar (2014) Ch.2
7. Successful Grant Proposals in Science, Technology, and Medicine: A Guide to Writing the Narrative by Sandra Oster, Paul Cordo (2015) P.8,9
8. Designing and Managing Your Research Project: Core Skills for Social and Health Research by David Thomas, Ian D Hodges (2010) P.57,58
9. SMART Criteria: Become more successful by setting better goals by 50MINUTES.COM, (2015) P.6,7,9
10. Project Management: A Systems Approach to Planning, Scheduling, and Controlling by Harold Kerzner (2009) P.437
11. Scheduling of Resource-Constrained Projects by Robert Klein (1999) P.18
12. Managing Projects for Success: A Trilogy by Albert Hamilton (2001) P.84,85
13. Crafting Customer Value: The Art and Science by Peter Duchessi (2004) P.64]

Volum 3

Objectius SMART

Abans d'escriure els seus objectius, hi ha una sèrie de preguntes que s'han de considerar per ajudar a aclarir quin és l'assoliment desitjat del projecte.

-Què voleu aconseguir realment?
-Per què importa ?
-És aquesta una nova àrea d'investigació o ja s'ha fet? Si s'ha fet abans, quin serà el benefici que ho faci de nou?
- Que planeja fer exactament ? I per què ?,
-Si aixo no funciona, què farà a continuació ?
-Si aixo funciona, què farà a continuació ?
-Com encaixa això amb la missió de la seva institució i com l'ajudaran ?

La seva aplicació ha de descriure de manera breu però clarament un problema, hipòtesis o desafiament innovador o nou; Una situació en què hem de fer-ho millor. (Christian, 2018, p.36)

El resum i els objectius específics són les dues etapes més importants de la proposta. Una o altra d'aquestes pàgines pot ser l'única part de la proposta que llegiran alguns dels revisors.
Els objectius específics s'han d'escriure primer perquè càpiguen dins d'una pàgina i després s'han de retallar segons sigui necessari perquè càpiguen dins el quadre de resum i s'augmentin amb breus declaracions d'importància i mètodes experimentals.
Els revisors tenen els seus propis estils de revisió, però el més probable és que comencin escanejant ràpidament els objectius específics. Per tant, aquesta secció també té un gran impacte en els revisors primaris i, en última instància, en les puntuacions de prioritat.
La preparació d'una proposta d'investigació ha de començar amb els objectius específics; la resta de la proposta simplement amplifica lo que es presentat. Després de llegir els objectius específics ben escrits, un revisor experimentat comprendrà el problema abordat, les hipòtesis que s'estan provant i la viabilitat i el poder de l'enfocament experimental, i tindrà una idea de la seva importància.
(Ogden, Goldberg, 2002, p.55, 56)

En el Volum 2 d'aquesta sèrie, hem abordat breument el concepte d'objectius SMART. En aquest Volum, parlarem d'aixo amb més detall.

Una meta pot definir-se com el resultat d'una sèrie d'objectius que s'han d'assolir, i ells mateixos poden dividir-se en una sèrie de sub-objectius.

Quant als criteris, són els elements necessaris per a establir un judici, mentre que els indicadors s'utilitzen per verificar que es compleixen. Per tant, un criteri per definir el concepte de temps per a l'execució d'un objectiu pot ser controlat per un indicador de temps, com "en una setmana". Cada un dels cinc elements que conformen el criteri SMART es descriu a continuació:

S Específic: L'objectiu ha de referir-se a un element específic. Aquest criteri evita formulacions que són massa àmplies i, per tant, massa vagues.
En definir amb precisió un objectiu, les accions necessàries per aconseguir-ho es fan clares. Es poden afegir sub-objectius (disminuint la taxa de defectes, el nombre de falles, etc.).

M edible: És essencial definir els mitjans per mesurar el nivell d'assoliment de l'objectiu.

A ssignable: Una o més persones han d'estar clarament identificades com a responsables de la realització de l'objectiu. Aquests poden ser col·laboradors interns o externs.

R ealista: Aquest concepte té com a objectiu diferenciar la situació ideal, més difícil d'aconseguir, des de l'objectiu concret. Ha de ser possible que l'objectiu s'aconsegueixi amb els mitjans actuals o nous raonablement accessibles. En establir l'objectiu, la legislació vigent també s'ha de tenir en compte perquè sigui realista. Aquest criteri tindrà un impacte en la motivació i la participació dels empleats, de manera que també aconsegueixi un equilibri entre un objectiu desafiant i un objectiu assolible. Pot ser útil preveure un altre objectiu menys ambiciós en cas de fracàs.

T emps-limitat: Es important definir una línia de temps a l'hora d'establir un objectiu. Sense marcadors de temps, l'objectiu realment pot perdre la seva concreció, i per tant no seria possible verificar la seva realització.
("50 Minutes", 2015, pàg. 7,8)

Identifiqui les seves àrees de resultats clau, que provenen de la seva missió i el que ofereix als seus clients. Això facilitarà l'establiment d'objectius i el desenvolupament d'iniciatives empresarials i accions estratègiques. Amb objectius, es poden determinar els objectius establerts, convertint-los en objectius SMART i facilitant la mesura.
(T. Howell, 2006, p.21)

Relació amb les polítiques i programa de treball

Polítiques

En l'elaboració d'una proposta de projecte és important assegurar-se que compleix amb les polítiques i normatives que la regeixen, si està finançada. Les polítiques que s'han de considerar inclouen polítiques nacionals, polítiques de la Unió Europea, polítiques internacionals, etc.

Si, per exemple, el projecte es desenvolupa a Europa, ha de complir les polítiques de la Unió Europea quan busqui finançament, per la qual cosa és important identificar en primer lloc el mercat exacte en què opera el projecte per saber quines polítiques s'apliquen. La Unió Europea té 283 àrees polítiques diferents, una per a cada mercat; aquestes van des de "aprenentatge d'adults" fins a " zootècnica ".
(" Ec.europa.eu ")

Programa de treball

El programa de treball a través del qual es presenta la proposta del projecte s'ha d'estudiar amb gran detall abans de realitzar qualsevol presentació. En comprendre els requisits i objectius, estarà més preparat per alinear el seu projecte i proposta amb el programa de treball.

Per exemple, segons la Comissió Europea, la UE invertirà 23,2 mil milions d'euros, entre 2014 i 2020, per cofinançar projectes TEN-T als Estats membres de la UE. Des de 2014, el primer any de programació de CEF, hi ha hagut quatre onades anuals de convocatòries. En total, CEF ha donat suport fins ara a 641 projectes amb una suma total de 22,3 mil milions d'euros.
(ec.europa.eu)

A la vista d'aquest programa, cal alinear l'impacte del projecte amb aquests objectius de la Comissió Europea per tal que el projecte presentat per al finançament correspongui als objectius de la UE.
(Comissió Europea).

Concepte i metodologia

1.   **Context i concepte del projecte.**

Aquesta secció respon a preguntes sobre per **què** es necessita el projecte i **que** es desenvolupa per a satisfer les necessitats identificades.

Justifica la importància científica i l'interès de la investigació. Com vostè probablement ha pensat molt sobre la recerca que vostè està proposant, pot entendre per què la recerca és important. Però, no esperi que sigui obvi per als revisors de la seva proposta. Cal justificar la importància de la investigació. No assumeixi que els altres veuran aquesta importància sense que vostè la declari. Un argument ineficaç per la importància de la investigació és assenyalar que X, Y i Z s'han fet, però A, B i C encara no s'han fet i el seu objectiu és fer A, B i C. El fet que alguna cosa no s' ha fet, en si mateix, no fa això important. Ha de mostrar per què mereix ser fet el seu conjunt d'estudis.

(Sternberg, 2013, p.19)

<u>Aquesta és la secció en la qual té l'oportunitat de descriure detalladament les idees que sustenten el concepte del projecte i donar-los suport amb referències de literatura.</u>

Si s'aplica, també es posarà èmfasi en la interdisciplinarietat del projecte mitjançant la descripció de l'experiència de la part interessada. Una taula que enumeri les activitats de recerca i innovació realitzades per les parts interessades al nivell nacional o internacional relacionades amb el projecte serà determinant per demostrar el nivell més alt de suport.

Aquesta secció també es fa servir per posicionar el projecte en l'escala del Nivell de Maduresa Tecnologica (TRL), que descriu el nivell esperat de desenvolupament de la tecnologia durant el projecte. L'escala TRL abasta des 1 fins al 9. Els seus nivells corresponen a les següents etapes de desenvolupament (Comissió Europea):

-       TRL 1 - principis bàsics observats

-       TRL 2 - concepte tecnològic formulat

-       TRL 3 - prova experimental de concepte

-       TRL 4 - tecnologia validada en laboratori

-       TRL 5 - tecnologia validada en un entorn rellevant (entorn industrialment rellevant en el cas de tecnologies habilitants clau)

-       TRL 6 - tecnologia demostrada en un entorn rellevant (entorn industrialment rellevant en el cas de tecnologies habilitants clau)

-       TRL 7 - demostració del prototip del sistema en un entorn operatiu

-       TRL 8 - sistema complet i qualificat

-       TRL 9 - sistema real provat en l'entorn operatiu (fabricació competitiva en el cas de tecnologies habilitants clau o en l'espai)

2. **Enfocament metodològic utilitzat per el projecte per assolir els objectius.**

Aquesta secció respon a la pregunta de **com** s'executarà el projecte.

La secció més important i més llarga d'un pla o proposta de projecte és la descripció de la metodologia. La metodologia ha de descriure en detall com es durà a terme el projecte. La secció de metodologia ha d'incloure el següent:

1.   Una presentació de l'àrea metodològica general. Aquest aspecte no necessita ser elaborat, però és essencial per transmetre una comprensió clara del

domini general (històric, descriptiu o experimental) en què es troba el projecte. Això pot ser una declaració simple com "es durà a terme un experiment per determinar si la capacitació estructurada en l'ús de motors de cerca a Internet està associada amb la qualitat dels recursos elegits per als treballs de recerca en un llibre de composició d'anglès de primer nivell". L'enunciat de l'àrea metodològica (experiment) està estretament relacionada amb la naturalesa específica del projecte i proporciona una vista prèvia de la resta de la metodologia.

2.   Si escau, identificació de la població a estudiar. La població per a un estudi consisteix en totes aquelles entitats que són d'interès per al projecte. La població es defineix principalment per la naturalesa del problema, però requereix una definició específica dins del pla o proposta.

3.   Selecció d'una mostra. Si l'anterior és aplicable, la mostra per a un estudi consisteix a aquells membres de la població que realment seran estudiats. La mostra és definida principalment pel dissenyador del projecte en un esforç per establir un enfocament manejable per estudiar una població. L'objectiu essencial del procés de selecció de la mostra és identificar una mostra que sigui adequadament representativa de la població.

4.   Definició de termes, incloent definicions conceptuals i operacionals. Les definicions operatives s'han de detallar acuradament i explícitament. Es pot suposar que alguns termes s'entenen generalment i no necessiten definició, però l'autor ha d'arribar a aquesta conclusió amb precaució, no casualment. Si el significat d'un terme es modifica d'alguna manera per als propòsits del projecte, s'ha d'establir la definició operacional d'aquest terme.

5.   Delimitació de les hipòtesis relacionades amb el projecte. El principi fonamental de la investigació o avaluació de qualitat és que les hipòtesis són coneguts, articulats i justificats. L'autor té el deure explícit de compartir les hipòtesis claus amb el lector del pla o proposta com a mitjà per transmetre un enteniment compartit de la naturalesa del projecte proposat.

6.   Descripció d'un pla de recol·lecció de dades. El pla de recol·lecció de dades descriu en detall les formes en que s'adquiriran les dades per al projecte. Inclou una descripció de l'origen i la naturalesa de les eines utilitzades per recopilar dades (observació, instruments, entrevistes, qüestionaris, etc), anticipar qualsevol barrera per a la recol·lecció efectiva de dades i discutir les formes en què es mesuraran les dades.

7.   Descripció d'un pla d'anàlisi de dades. El pla d'anàlisi de dades descriu en detall l'impacte de les dades que faltaven o defectuoses. L'enfocament que s'adoptarà per explorar la relació de les dades primàries amb les dades de context i per explorar les relacions dins de les dades primàries i com es valorarà la seva importància.

(Wallace , Van Fleet, 2012, P.120,121)

En aquesta secció, explicarem com el projecte permet anar més enllà de l'estat actual de la tècnica. En general, això s'aconsegueix explicant totes les innovacions possibles desenvolupades i implementades durant el projecte.

Existeixen nombroses definicions d'innovació, però en general la innovació es refereix a un nou producte, idea o procés que introdueix un canvi positiu significatiu que afegeix valor a l'organització.
(Schneider, Fuller, 2018, chpt.6)

En preparar una proposta de projecte, l'enfocament innovador ha d'estar clarament descrit per mostrar com aquest projecte en particular està introduint una nova forma d'identificar / resoldre el problema que s'està abordant.
No n'hi ha prou per justificar l'objectiu del projecte en afirmar que aquest tema / àrea s'ha tractat anteriorment. Ha d'haver un aspecte nou / innovador que permeti que aquest projecte en particular avanci el problema que s'està abordant d'una manera que cap altre projecte anterior o esforç d'investigació ha pogut fer fins ara.

Consells

- Descriviu clarament el nou problema; la situació en què hem de ser millors.

- Identifiqueu el mercat exacte en el que opera el projecte, per averiguar quines polítiques s'apliquen.

- No assumeixi que els altres veuran aquesta importància sense que ho declari.

Impactes esperats

El consell d'investigació econòmica i social del Regne Unit (ESRC, per les sigles en anglès) defineix l'impacte de la investigació com "la contribució demostrable que la investigació excel·lent fa a la societat i l'economia". Això pot implicar "impacte acadèmic", "impacte econòmic i social" o tots dos. El ESRC explica que l'impacte acadèmic és "la contribució demostrable que fa una excel·lent investigació per canviar la comprensió i l'avanç de la ciència, els mètodes, la teoria i les aplicacions en totes les disciplines i dins d'elles."; L'impacte econòmic i social és "la contribució demostrable que fa una excel·lent investigació a la societat i a l'economia i els seus beneficis a individus, organitzacions i / o nacions".

L'impacte del seu projecte pot avaluar-se a diferents nivells, per exemple, ciència, indústria, públic, pacients, responsables polítics, societat, economia, tant local com nacional, de la UE i global.
Comprendre el seu impacte li permetrà demostrar-ho a altres. Recordeu que l'impacte de la seva recerca és més ampli que el nombre de citacions. O hauria de ser. Mentre apunta publicacions, i perquè aquestes publicacions es llegeixin i després es citin, l'impacte de la seva recerca se sentirà més enllà d'aquestes publicacions, ja que se suma coneixements en el seu camp i / o influeix en els canvis en la pràctica.
(Christian, 2018, p.373)

En produir la proposta de projecte per a la seva presentació, és important mostrar que l'impacte potencial del projecte coincideix amb les expectatives de la convocatòria de l'agència de finançament.

Mesures per maximitzar l'impacte

1. Difusió de resultats.

L'avaluació i la difusió són els factors que indiquen si el projecte ha tingut èxit o no. Encara que l'avaluació i la difusió es duen a terme al final del projecte, s'han d'integrar en el pla del projecte des del principi.
("Entrepreneur Press", 2012, pàg. 78)
La difusió fa referència a la distribució d'informació. Les fonts de finançament sovint financen la difusió dels resultats del seu projecte de subvenció a través d'un o més dels següents mecanismes:

Un informe enviat a altres en el camp,
Una revista trimestral,
Un butlletí de notícies,

Un seminari o conferència sobre el tema,
Participació en conferències nacionals,
Una pel·lícula, presentació en CD o DVD sobre el projecte,
Una pàgina web.

La difusió fa possible donar a conèixer el projecte. Ajuda a augmentar la consciència pública sobre el programa o projecte, aplana el camí per a sol·licitar suport addicional, permet a altres en el camp conèixer els resultats de la recerca (en el cas d'una beca d'investigació) i contribuir a la informació disponible.
Suposant que el projecte és finançat amb èxit i completat amb èxit, la seva difusió pot ser el següent pas per al projecte. Si els resultats s'han de fer disponibles per difusió, s'han de tenir en compte diversos factors a l'hora d' escriure la difusió, com:

- Identificar clarament els resultats esperats de l'esforç de difusió: els resultats esperats d'un projecte poden incloure una publicació de revista, un vídeo documental o un lloc web entre d'altres recursos.
- Especificar amb precisió qui serà el responsable de la difusió i les qualificacions de les persones.
- Discutir la difusió interna i externa del projecte.

("Entrepreneur Press", 2012, p.81)

Les agències de finançament, d'acord amb la seva voluntat habitual a donar suport a projectes que són àmpliament aplicables, tendeixen a demanar que els beneficiaris de les subvencions busquin activament difondre els resultats més enllà de l'informe final requerit a l'agència de finançament. Els projectes d'investigació no sempre condueixen a publicacions com a mètodes de difusió, però la publicació és un objectiu freqüent d'un projecte d'investigació. Els líders dels projectes d'avaluació interna han de planejar la difusió dels resultats als administradors, als que prenen les decisions i altres parts interessades essencials.
(Wallace, Van Fleet, 2012, p.123)

2. Explotació

La comercialització és el procés de gestió de la transferència de coneixements d'investigació a el lloc on es converteix en una aplicació en el mercat en el sentit ampli. El coneixement pot ser un resultat de recerca o una habilitat; això podria resultar en el desenvolupament d'un producte, una tecnologia, un servei o negoci, un programa de desenvolupament comunitari o activitats de consultoria. Quan correspongui, la descripció del projecte contindrà un gràfic de la cadena de valor, representant com l'assoliment progressiu dels diferents objectius del projecte augmenta el valor del producte.

La idea de la cadena de valor es basa en la vista de procés de les organitzacions, la idea de veure una organització de manufactura (o servei) com un sistema, compost de subsistemes, cada un amb entrades, processos de transformació i sortides. Les entrades, els processos de transformació i productes impliquen l'adquisició i el consum de recursos: diners, mà d'obra, materials, equips, edificis, terrenys, administració i gestió.

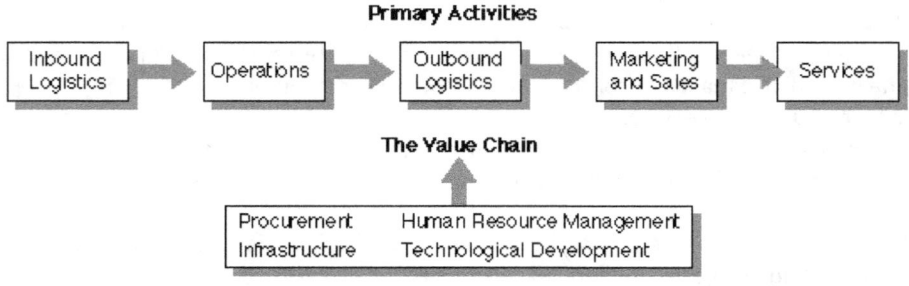

(University of Cambridge)

Algunes formes de protegir la seva propietat intel·lectual (PI) per a la comercialització podrien incloure els següents tipus de registres: registre de disseny, marca registrada, llei de drets d'autor.
(Christian, 2018, pàg. 384, 386, 387)

La descripció del pla de comercialització s'aconsegueix millor a través d'un pla de negocis. Almenys sis elements clau s'han de descriure en el pla:

A.   Proposició descripció general
    A. Tipus de resultat explotable
    B. Components i valor
B. Clients
    A. Segments de clients
    B. Relacions amb clients (Aconsegueix, manté, creix)
    C. Abordar les qüestions ètiques del client
    D. Canals de comunicació
C. Competència
D.   Aspectes financers
    A. Fluxos d'ingressos
    B. Els costos
E. Preocupacions abans de configurar una Startup
    A. Activitats clau
    B. Recursos clau
    C. Socis clau
F. Validació del model de negoci (revisió periòdica)
    A. Ajust problema-solució
    B. Ajust de mercat de productes
    C. Ajust del model de negoci

Models de negocis

A més de desenvolupar un pla de negocis, també és beneficiós formar un model de negoci.

Un model de negoci és una simple representació de la realitat complexa d'un negoci. El propòsit principal d'un model de negoci és comunicar alguna cosa sobre el negoci a altres persones: treballadors, clients, socis o proveïdors.

Un bon model de negoci admet diferents punts de vista del mateix coneixement subjacent. Cada expert en la matèria pot veure el que necessiten veure, per als seus propis fins. Cadascú pot ignorar els detalls necessaris per a altres experts en la matèria.

Per exemple, un estrateg pot examinar els objectius, estratègies i tàctiques d'una empresa, ignorant els processos i interaccions de l'empresa. Un especialista en vendes pot examinar els processos comercials que suporten les vendes, ignorant els processos que donen suport a les operacions i el manteniment.

El negoci és una activitat intensa de comunicació. Part d'aquesta comunicació és complexa. Per exemple, les polítiques empresarials canvien. Els models de negoci són millors per transmetre informació comercial complexa.

Els models de negoci són efectius per a la comunicació perquè la majoria dels models són visuals. Els diagrames fan que un model sigui més fàcil d'entendre i més ràpid per comunicar-se.
(Bridgeland , Zahavi , 2008, p.1 , 10,11)

A continuació, es mostra un exemple d'un canvas de model de negoci

Shopkeeper Example	Advanced Business Model Canvas			Key Attributes: Have _Want_	
Key Partners	**Key Activities**	**Value Proposition**	**Customer Relationships**	**Customer Segments**	
Distribution partners Transport providers Component suppliers Industry Associations Tech. suppliers Tech. maintenance provider _Remote VOIP telephony_ _Digital analytic providers_ _IT remote support providers_	Sales Packaging Logistics Procurement Accounting	Quick service Accessible location Convenient Digital payments	In premises one to one _Self service_ _In store demonstrations_ _In store video_ _In store QR codes for more info._ _Loyalty card with analytics_ _Social media interactions_	Niche market Retail Buyer not always end user Customer needs are satisfied	
	Key Resources		**Channels**		
	People Store Power Communications Other Utilities Sales data _Customer data_ _Decision support systems_ _Industry analytics_ _Knowledge bases_		Leaflet distribution Sponsored groups Signage _Website_ _Internet map search_ _Web page product awareness_ _Web page how you help_ _Smart digital signage_ _Customer feedback system_		
Cost Structure	Franchises fees Technologies _Web hosting_ _Content creation_ _Pay per click ads_ _Photos, video, audio, illustrations_		**Revenue Streams**		
Labour Taxes Building expenses Communications Printing Insurance Waste removal Energy Sources			Product sales Accesories sales _Renewable energy creation_		

(www.matthewb.id.au)

3. Comunicació funcional

Durant el curs del projecte, una excel·lent comunicació entre els participants del projecte serà clau per aconseguir els objectius.

L'estratègia de comunicació definirà amb qui comunicar-se (o no) i sobre què, quan i com. El pla també definirà quines informacions son necessàries per cada actor perquè siguin operacionals.

Consells

- Llegeixi el programa de treball i tracti cada impacte esperat.

- Sigui realista en la formulació de l'impacte.

- Impacte significa el que queda del projecte després del període de finançament.

Definició de paquets de treball

Com es descriu en el volum 2, els paquets de treball es definiran com un grup de tasques que permeten l'assoliment d'objectius específics.

Per tant, cada paquet de treball serà definit per:
- Dos o tres objectius específics;
- Una descripció del treball i el paper dels participants del grup de treball;
- La descripció de les tasques, inclòs el seu objectiu, la seva durada i dependències en relació a altres tasques en altres paquets de treball;
- Els productes lliurables, corresponents als resultats del paquet de treball (informes, esdeveniments, publicacions, prototips, etc.).

Generalment, els paquets de treball s'utilitzen per separar les activitats per tipus dins del projecte, com ara la gestió, les activitats tècniques, la sensibilització, l'explotació, les activitats jurídiques, entre d'altres.

Gràfic PERT

Els diagrames PERT (Programa d'Avaluació i Revisió Tècnica) es poden utilitzar per estructurar el treball del projecte. El quadre consta d'un diagrama que presenta la seqüència de activitats que s'han de dur a terme per garantir la implementació d'un projecte o programa. Com es mostra en la figura, els diagrames PERT generalment s'estructuren de la següent manera:

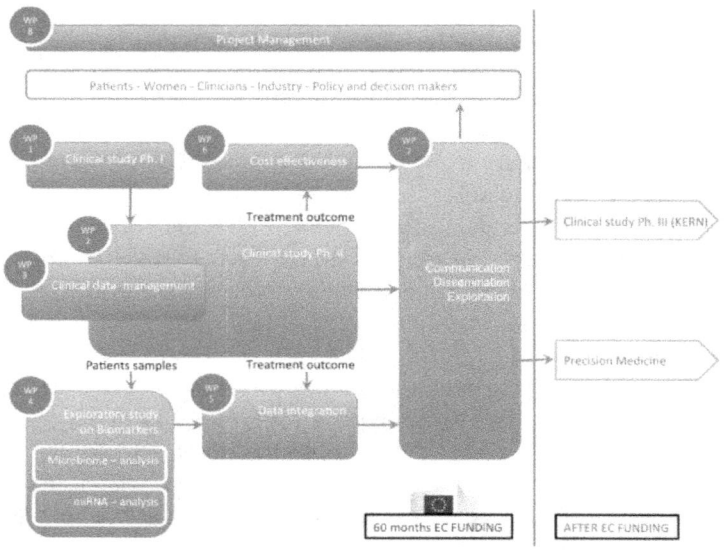

- El període de temps es mou d'esquerra a dreta,

- Les caixes representen paquets de treball o tasques,

- Les fletxes són activitats o productes lliurables que connecten paquets de treball i s'han de realitzar per permetre el següent treball o tasca.

Gràfic de Gantt

El diagrama de Gantt es basa en l'acció: fer, realitzar projectes o activitats. Es dibuixa una línia horitzontal gruixuda en cada fila per mostrar la quantitat de temps que necessita cada persona, projecte o activitat per executar la tasca. Cada línia gruixuda està connectada amb una fletxa a una altra línia gruixuda per indicar la interdependència de tasques.

El diagrama de Gantt s'utilitzarà durant l'execució del projecte perquè el gerent del projecte segueixi el progrés de les tasques i identifiqui els retards i les seves conseqüències posteriors.

Quan s'han de dur a terme moltes activitats diferents per a un mateix projecte, es poden desenvolupar diversos diagrames de Gantt; es podria desenvolupar un diagrama per a cada activitat. Aquests podrien comparar-se entre si per verificar el progrés i coordinar les diverses activitats.
(Thomas C. Timmreck, 2003, p.152 , 153)

El èxit del projecte depèn de com es comunica la seva organització i de com els seus membres entenen i realitzen les seves tasques. La forma en què s'ha d'organitzar un projecte per assolir els seus objectius intel·lectuals probablement es descriurà primer a la proposta presentada i aprovada per un finançador.
Si vostè és l'autor de la proposta o si ha estat contractat per gestionar el projecte, la seva feina és posar en marxa aquests plans.

Tot i que els diferents mètodes d'investigació impliquen diferents enfocaments de gestió, és una responsabilitat estratègica dels gerents i un repte d'adaptar un enfocament, o és més probable de trobar un equilibri entre els enfocaments que millor mantindran sincronitzats als membres d'un equip d'investigació, en fase entre si, amb el calendari i el pressupost específics del projecte i el que és probable que siguin objectius i qüestions d'investigació distintius i fins i tot únics, del projecte. (Dingwall, McDonnell, 2015, p.192 , 193)

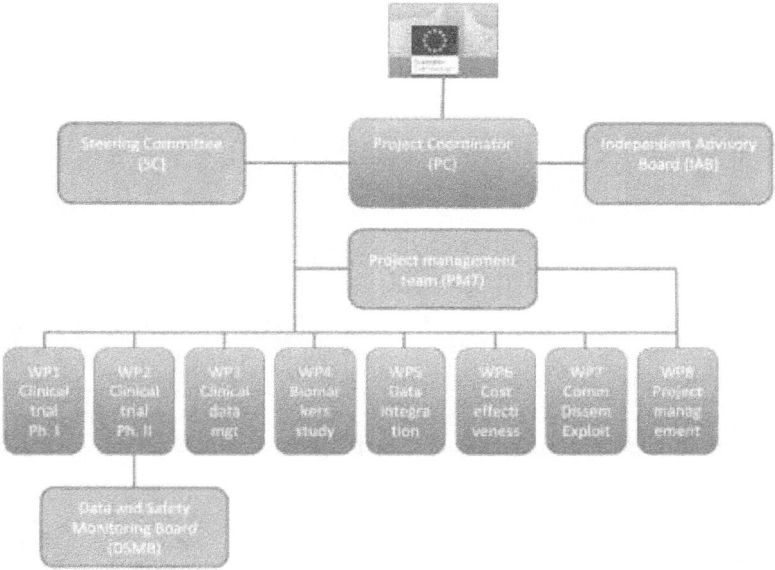

El diagrama anterior és un exemple de l'estructura de gestió de projecte.

Com es pot veure, l'equip d'administració del projecte és responsable del monitoratge de WP individuals (paquets de treball). El paquet de treball és el nivell crític per administrar una estructura de distribucio del treball. Cada WP té un o dos líders, generalment experts en el camp abordat dins el WP, que informen a l'equip de gestió del projecte. Un comitè directiu pot ser format per tots o per alguns dels líders de WP, per assessorar el coordinador del projecte sobre el progrés i les possibles decisions que s'han de prendre. El coordinador del projecte també pot buscar l'assessorament d'un Consell Assessor Independent, compost per persones externes al projecte, com a líders de la indústria, experts en el camp de la investigació, Prenedors de decisions, etc.

L'estructura de gestió també ha de connectar a l'organisme de finançament amb el coordinador del projecte o amb l'entitat que informarà sobre l'execució del projecte. (Kerzner , 2009)

Fites

Una anàlisi combinada del diagrama PERT i del diagrama de Gantt pot ajudar a determinar quins seran les fites i les fases específiques del projecte. Per definir aquestes fites o les divisions entre fases, pot:

- Dividir el projecte en unitats de temps i determinar què s'ha de fer en cada unitat de temps per acabar dins dels terminis programats.

- Començar amb els resultats i la data en què espera aconseguir-los i treballar cap enrere per determinar què ha de passar abans i així successivament.

- Identificar les dependències crítiques o les relacions entre els elements.

- Utilitzar un gràfic d'anàlisi de ruta crítica o un diagrama de Gantt.

("Bookboon" P.30)

Risc

Els riscos són esdeveniments, circumstàncies, situacions o condicions que poden ocórrer amb una probabilitat específica i tenir un impacte negatiu potencial en el compliment dels objectius predefinits del projecte. Els riscos són els anomenats "incògnites conegudes" i es poden separar de la incertesa si són mesurables, calculables i predictibles per al curs del projecte.
(Bodea, Nicoleta, 2016, p.3)

En preparar la proposta d'investigació, és important fer una anàlisi de risc. Els passos per realitzar una anàlisi de risc per al projecte de recerca inclouen:

- Identificar tots els esdeveniments que puguin generar risc per al projecte, inclosos el seu origen, naturalesa i conseqüències.
- Avaluar cada risc assignant una probabilitat d'ocurrència i un factor d'impacte.
- Estratificar els riscos per concentrar l'atenció en els principals riscos.
- Desenvolupar un pla d'acció per limitar l'impacte dels principals riscos.
- Seguiment i actualització de riscos periòdicament durant el projecte.

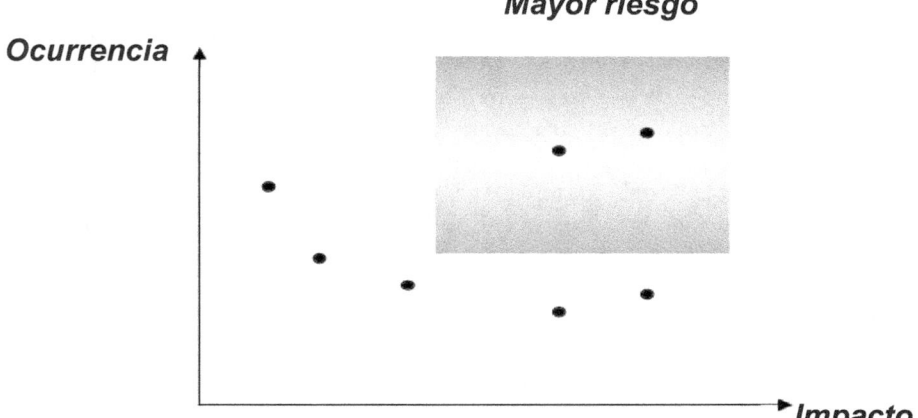

Hi ha molts factors a tenir en compte en realitzar una anàlisi de risc per a un projecte d'investigació, com :

-Factor humà
-Factors tècnics.
-Factors financers
-Factors mediambientals
-Factors vinculats als clients.
-Factors històrics
-Factors organizacionals.
-Factors culturals

Consorci

El consorci de recerca és una forma comuna d' associació en el món de la investigació acadèmica. Els consorcis també es poden estructurar com a entitats corporatives distintes i, de vegades, com a aliances   poc estructurats amb només acords contractuals com a marc estructural.
El problema més important a tenir en compte a l'hora de crear un consorci és l'assignació del control del consorci. Les organitzacions de consorcis han de determinar quanta llibertat hauran de prendre riscos i re-dirigir les seves investigacions a mesura que les circumstàncies canvien per assolir els objectius del projecte.
(Kulakowski , Chronister , 2008, p.361, 362)

El consorci de recerca és una forma comuna d' associació en el món de la investigació acadèmica. Els consorcis també es poden estructurar com a entitats corporatives distintes i, de vegades, com a aliances   poc estructurats amb només acords contractuals com a marc estructural.

El problema més important a tenir en compte a l'hora de crear un consorci és l'assignació del control del consorci. Les organitzacions de consorcis han de determinar quanta llibertat hauran de prendre riscos i re-dirigir les seves investigacions a mesura que les circumstàncies canvien per assolir els objectius del projecte.

(Ogden, Goldberg, 2002, p.237)

L'elecció dels socis del consorci és fonamental, ja que els fons proporcionats per les subvencions haurien de ser utilitzats eficaçment durant l execucio del projecte. Per tant, la contribució potencial d'un soci candidat ha de ser avaluada acuradament en funció de l'abast del projecte abans d' afegir-lo al consorci.

L'agència de finançament normalment descriu en el seu anomenat, l'abast del projecte, si s'esperan disciplines particulars o recomanacions per a la selecció dels països participants.

Consells

- Recordeu, l'èxit depèn de la forma en què l'organització es comunica i de com s' aconsegueixen les seves tasques.

- L'anàlisi de riscos s'ha de descriure clarament a la proposta.

- Determineu quines seran les fites i fases específiques del projecte.

Distribució de recursos

Un pressupost acuradament preparat i documentat potser és l'element més evident de qualsevol proposta o pla. El pressupost explica als responsables de l'aprovacio del projecte quines inversions monetàries i no monetàries seran necessàries per acabar el projecte i com es finançaran aquestes inversions.

Cada projecte, ja sigui finançat internament o externament, està associat amb costos que requereixen una comptabilitat adequada i completa. Les sol·licituds de finançament extern han de descriure la necessitat de finançament de manera explícita i detallada i detallar tots els costos del projecte o només aquells per als quals es demana realment finançament. Per a projectes finançats internament o externament, és important que els objectius interns analitzin, documentin i pressupostin tots els costos associats al projecte. Les línies pressupostàries importants per a propostes d'avaluació o investigació són:

1. El personal del projecte és divideix en tres categories:

A. Empleats permanents de la institució d'acollida que dedicaran una part del seu temps al projecte. Normalment, els empleats permanents dediquen només una part del seu temps al projecte i passen la resta del seu temps en el compliment de les seves tasques habituals. El pressupost de la subvenció pot sol·licitar fons per recuperar els salaris dels empleats pel temps dedicat al projecte.
La norma per a un empleat assalariat és calcular el percentatge del temps dels empleats que es gastarà en el projecte i pressupostar aquest percentatge del salari per al període del projecte.

A més dels salaris, pot ser necessari incloure una línia pressupostària per als beneficis socials per a empleats permanents o temporals. Els beneficis solen ser pressupostats com a percentatge dels salaris, però es poden determinar amb més precisió calculant els costos reals de l'assegurança, la jubilació, la compensació dels treballadors i els beneficis relacionats.

B. Els empleats temporals que seran contractats per al projecte. Depenent de la naturalesa del projecte, pot ser necessari contractar personal tècnic, personal administratiu, personal informàtic o estudiants que només tinguin la responsabilitat d'ocupar-se del projecte.

C. Consultors que es pagaran per contractes per realitzar tasques específiques. Normalment, els consultors solen rebre una quantitat monetària negociada de forma individual amb cada consultor.

2. Instal·lacions. Una avaluació realista de la necessitat de pressupost per a les instal·lacions és un component essencial del procés de desenvolupament d'una proposta d'investigació o d'avaluació. Els problemes més rellevants de les instal·lacions tenen a veure amb l'espai, el mobiliari i l'equipament.

A. Espai. L'espai és sovint un cost absorbit per la institució d'acollida, encara que els projectes complexos a llarg termini poden requerir el lloguer d'oficines, laboratoris o altres espais. El pressupost per a un ús dedicat de l'espai existent també pot ser difícil, però es pot aconseguir mitjançant la determinació de les tarifes habituals de lloguer a la comunitat.

B. Mobiliari. L'accés al mobiliari sovint es passa per alt en els preparatius de les propostes d'investigacions o d'avaluació.

C. Equipament. La necessitat més freqüent d'equipament és el material i el programari d'ordinador.

3. Materials, subministraments i serveis. Els costos unitaris per als materials, els subministraments i els serveis solen ser bastant fàcils de determinar, però fer-ho pot trigar molt i no es pot deixar fins a l'últim moment.

4. Viatja. Alguns projectes de recerca o avaluació requereixen viatges per recopilar dades o per a altres finalitats relacionades amb la finalització satisfactòria del projecte. Una de les dificultats per pressupostar els viatges és que alguns components, com el bitllet d'avió, poden canviar entre el moment en què es desenvolupa la proposta i el moment en què realment es realitza el viatge.

5. Serveis d'assistència. Alguns projectes de recerca o avaluació requereixen serveis d'assistència contractual, tal com serveis especials de custòdia, transcripció d'enregistraments àudio, ús d'instal.lacions informàtiques centralitzats, etc.

6. Costos generals / costos indirectes. Els costos indirectes són les despeses generals necessàries per donar suport a la institució en què es durà a terme el projecte.

7. Justificació d'elements pressupostaris. Moltes agències de finançament requereixen, a més d'un pressupost presentat en format línia per línia, una discussió narrativa sobre la necessitat i la naturalesa dels elements inclosos al pressupost.

(Wallace, Van Fleet, 2012, P.124-128)

Taxa de finançament

A l'hora d'elaborar l'apartat pressupostari de la proposta de projecte, un aspecte important és la taxa de finançament i els percentatges de reemborsament.
La taxa de combustió del projecte s'ha de calcular amb precisió juntament amb el percentatge de costos que es cobriran amb subvencions, inversió, etc., per tal d'entendre d'on vindran totes les finances necessàries i quin, si n'hi ha, es necessitarà un finançament addicional..

Consells

- Descriure la necessitat de finançament explícita i exhaustiva.

- Analitzar, documentar i pressupostar tots els costos associats al projecte.

- Assegureu-vos de justificar tots els elements pressupostats.

1. SMART Criteria: Become more successful by setting better goals by 50 Minutes (2015) P.7,8
2. Actionable Performance Measurement: A Key to Success by Marvin T. Howell (2006) P.21
3. European Commission - "https://eur-lex.europa.eu/summary/chapter/regional_policy.html?root_default=SUM_1_CODED=26"
4. Start Your Own Grant Writing Business: Your Step-By-Step Guide to Success by Entrepreneur Press (2012) P.78,81
5. Knowledge into Action: Research and Evaluation in Library and Information Science: Research and Evaluation in Library and Information Science by Danny P. Wallace, Connie J Van Fleet (2012) P.123
6. Writing Successful Grant Proposals from the Top Down and Bottom Up by Robert J. Sternberg (2013) P.19
7. Research Proposals: A Guide to Success by Thomas E. Ogden, Israel A. Goldberg (2002) P.55, 56
8. Knowledge into Action: Research and Evaluation in Library and Information Science: Research and Evaluation in Library and Information Science by Danny P. Wallace, Connie J Van Fleet (2012) P.124-128
9. Planning, Program Development, and Evaluation: A Handbook for Health Promotion, Aging, and Health Services by Thomas C. Timmreck (2003) P.153,155
10. Total Quality Management: The Key to Business Improvement by C. Hakes (1991) P.90
11. Building the European Research Area: Socio-economic Research in Practice by Michael Kuhn, Svend Remøe (2005) P.273
12. Project Management: A Systems Approach to Planning, Scheduling, and Controlling by Harold Kerzner (2009) P.437
13. Managing Projects by "Bookboon", P.30
14. Keys to Running Successful Research Projects: All the Things They Never Teach You by Katherine Christian (2018) P.36, 384, 386, 387
15. Writing Research Proposals in the Health Sciences: A Step-by-step Guide by Zevia Schneider, Jeffrey Fuller (2018) Chapter 6
16. https://ec.europa.eu - European Commission
17. (UniversityofCambridge, "https://www.ifm.eng.cam.ac.uk/research/dstools/value-chain-/")
18. Business Modeling: A Practical Guide to Realizing Business Value by David M. Bridgeland, Ron Zahavi (2008) P.1,10,11
19. www.matthewb.id.au - https://www.matthewb.id.au/b/business-model-examples.html
20. The SAGE Handbook of Research Management by Robert Dingwall, Mary Byrne McDonnell (2015) P.192,193

Volum 4

Criteris d'avaluació

Cal seguir les directius de la proposta. Són diferents per a cada programa de finançament. Qualsevol desviació de les restriccions de pàgina, el format de bio-sketch, l'ordre de seccions, els requisits de l'IRB o de l'IACUC, etc..., pot resultar en una pitjor puntuació de prioritat o fins i tot provocar que la proposta sigui retornada sense revisió.
Els revisors esperen un ordre específic de presentació i una llarguesa específica.
Encara que els revisors assignats llegeixin la proposta detalladament, la majoria dels revisors simplement l'hauran fullejat buscant banderes vermelles.

Els més importants es troben en el pressupost i en el bio-sketch. El pressupost ha de ser raonable d'un cop d'ull. El llindar raonable varia molt entre els instituts i els diferents tipus de recerca.
El bio-sketch hauria d'indicar, també d'un cop d'ull, una formació sòlida, una productivitat constant i publicacions recents pertinents a la recerca proposada.
El revisor ha de tenir la impressió que l'investigador és absolutament capaç de dur a terme la investigació proposada i que hi ha una alta probabilitat d'èxit i de publicacions significatives.
La secció d'objectius específics del pla de recerca és la pàgina més crítica de tota la proposta. El fet que el revisor no entengui els objectius específics prediu el desastre per a la revisió i sempre és culpa de l'investigador. És un obstacle insuperable.
Els diagrames són imprescindibles. Un diagrama ben dissenyat en els objectius específics o en les seccions de fons i de significació pot revelar d'una ullada la teoria general, el que ja és coneix així com les hipòtesis i les seves proves.

(Ogden, Goldberg, 2002, p.23,24)

No és una publicació científica, és un document de venda

Malauradament, la bona ciència no sempre condueix a una proposta d'èxit, tot i que sovint es financen propostes mal escrites si la seva ciència i els antecedents dels investigadors principals són prou forts. D'altra banda, les propostes basades en ciències defectuoses gairebé no tenen èxit. Entre aquests dos extrems es troba un grup de propostes amb una bona ciència i amb investigadors principals ben formats i productius. Alguns seran finançats, uns altres no.
Una proposta ben escrita està escrita per comunicar-se amb tots els revisors, no només els experts en el camp.
(Ogden, Goldberg, 2002, p.21)

Com es va esmentar en el volum 3 d'aquesta sèrie, els abstractes i objectius específics són dues de les pàgines més importants de la proposta. Una o altra d'aquestes pàgines pot ser l'única part de la proposta que alguns dels crítics llegiran. El resum hauria de contenir l'essència dels objectius específics, algunes frases curtes relatives a la relació de la recerca sanitària i la seva importància científica en termes dels seus objectius a llarg termini.
(Ogden, Goldberg, 2002, p. 55,65)

Se suposa que els resums són més curts que els originals. Això demostra que la longitud de l'abstracte és una qüestió d'interès   primordial.
Diverses fonts tenen consells sobre el tema de la   longitud. Day (1988), per exemple, vot per una longitud màxima de 250 paraules. La mateixa mesura s'estableix a la norma ANSI de 1977. Afegeix, tanmateix, que la longitud dels resums ha de ser adaptada a la possible utilitat del document resumit (ANSI, 1997).
Waters (1982) opina que, pot ser que falti informació important en resums de menys de 200 paraules, mentre que els resums excedeixin aquest límit podrien contenir moltes informacions redundants. No obstant, afegeix que la longitud dels originals és decisiva.

En termes generals, el propòsit de l'abstracció és donar una idea sobre el contingut d'un text a algú que no coneix el text. Això es fa sense repetir tots els detalls de l'original (Werlich, 1988).

Les funcions principals dels resums són expressades per Fidel (1993) que afirma que els resums augmenten l'eficiència de la recopilació d'informació perquè ells:

- Donen una orientació als usuaris,
- Proporcionen una visió general per a aquells que necessiten mantenir-se actualitzats,
- Serveixen com a font d'informació.

Cleveland i Cleveland (1983) afirmen que bons resums eviten alhora els biaix i els punts de vista personals que poden ser introduïts per comentaris crítics.
(Koltay, 2010, p.33,34,36,37,54)

Tot és qüestió de estructura

La referència sobre la redacció de propostes està il·lustrada per qualsevol article de Scientific American. Aquests estan escrits per als lectors que són científics però que no estan familiaritzats amb l'àrea de l'article en qüestió. La prosa es manté senzilla, les paraules especialitzades i les abreviatures s'eviten, i cada pàgina té almenys un diagrama o figura.

Cada pàgina d'una proposta ha de tenir el mateix aspecte general.

No es aconsellable utilitzar fonts diferents o inserir pàgines òbviament copiades d'altres propostes. Fa una mala impressió, per exemple, d'incloure un croquis bio-sketch fotocopiat d'una presentació prèvia. Es tracta d'una fallida comuna dels projectes de col·laboració en què el co-PI dona al PI un bio-sketch elaborat alguns anys abans, òbviament per a un propòsit diferent. Això indica al revisor que el col·laborador no pren el projecte prou seriós per actualitzar el bio-sketch. Això augura malament per a l'èxit de la col·laboració.

Una bona escriptura és breu

Reduïu prou el text per satisfer les limitacions de pàgina amb almenys una mida de lletra 12. Deixeu doble espai entre paràgrafs i utilitzeu 1.2 espais de línia entre línies. Utilitzeu diagrames per reduir narracions i títols de paràgraf per facilitar la navegació.

Una proposta sòlida donarà l'aparença d'estar ben organitzada i llegible a primera vista.

(Ogden, Goldberg, 2002, p.21,22,23)

II. Consells finals

- Una proposta de subvenció NO és una publicació científica, és un document de venda

- Escriure amb paraules simples

- La pàgina de resum és crítica (PITCH)

- Estructureu el text en paràgrafs curts

- Doneu una estructura lògica

- Utilitzeu gràfics i taules quan correspongui

- Imagineu que sou l'avaluador

- Utilitzeu models com a guia

- Consulteu els formularis d'avaluació

1. Research Proposals: A Guide to Success by Thomas E. Ogden, Israel A. Goldberg (2002) P.21,22,23,24,55,65

2. Abstracts and Abstracting: A Genre and Set of Skills for the Twenty-First Century by Tibor Koltay (2010) P.33,34,36,37,54